手编

时尚花饰

SHOUBIANSHISHANG
HUASHI 100LI

乔兴菊 主编

100例

U0213849

辽宁科学技术出版社

· 沈阳 ·

本书编委会

主 编 乔兴菊

编 委 廖名迪 贺梦瑶 谭阳春 李玉栋

图书在版编目（CIP）数据

手编时尚花饰 100 例 / 乔兴菊主编. —— 沈阳：辽宁
科学技术出版社，2013.8
ISBN 978-7-5381-8094-7

Ⅰ．①手… Ⅱ．①乔… Ⅲ．①绒线—手工编织—图集
Ⅳ．① TS935.52-64

中国版本图书馆 CIP 数据核字（2013）第 126498 号

如有图书质量问题，请电话联系
湖南攀辰图书发行有限公司
地址：长沙市车站北路 649 号通华天都 2 栋 12C025 室
邮编：410000
网址：www.penqen.cn
电话：0731-82276692　82276693

出版发行：辽宁科学技术出版社
　　　　　（地址：沈阳市和平区十一纬路 29 号　邮编：110003）
印 刷 者：湖南新华精品印务有限公司
经 销 者：各地新华书店
幅面尺寸：185mm × 260mm
印　　张：7
字　　数：138 千字
出版时间：2013 年 8 月第 1 版
印刷时间：2013 年 8 月第 1 次印刷
责任编辑：卢山秀　攀　辰
封面设计：多米诺设计·咨询　吴颖辉
版式设计：攀辰图书

书　　号：ISBN 978-7-5381-8094-7
定　　价：26.80 元
联系电话：024-23284376
邮购热线：024-23284502

前 言
PREFACE

　　无论是时尚风情的都市丽人，还是淳朴爱美的乡里女性；无论是豆蔻年华的妙龄少女，还是风韵犹存的成熟女性，服饰对于她们外在美感的提升总是显得尤为重要。随着流行风尚的新趋势，手工服饰越来越受大众的欢迎，纯手工毛线编织服饰备受青睐。从各种毛线大衣的经典搭配到各种针织短装的典雅优美，再到多种围巾、帽子、披肩的时尚别致，无不在每位女性身上彰显独特气质。

　　在传统的毛线手工编织中，人们格外注重对衣服的装点，尤其是各种花样饰品在整体编织中的独特作用。一件时尚的编织作品不仅体现于手工技术上，更体现在独具匠心的花饰点缀上，这样才能彰显从整体到局部的美感。

　　本书专为各位编织爱好者设计100款新潮、独特的花样编织饰品，每一款作品都是精心挑选，步骤及图解分析详细。看似精致复杂的花饰成品，初学者却能一看便懂，轻松掌握编制要领。这些花饰可以作为衣服或者饰物的点缀，也可以作为创意组合的装饰品，让编织者有更多的发挥空间。

　　如果您还在为单调的毛线衣苦苦寻找特色突出的花样饰品，如果您还在为找不到一本实用、时尚的花样编织饰品书而烦恼，那么，赶快拿起本书，跟随我们一起学习怎样编织精美花样饰品吧！

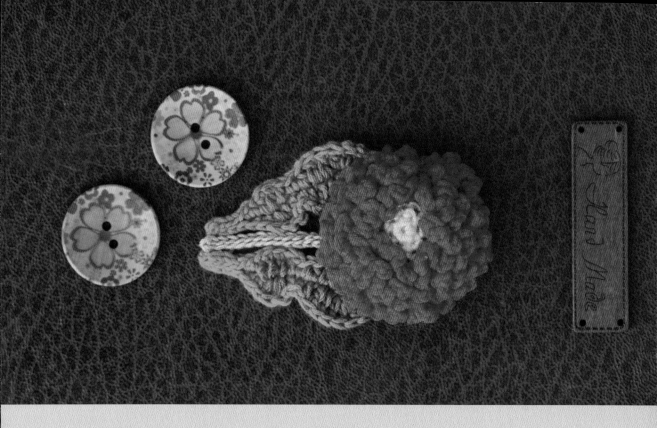

目 录
CONTENTS

第1章 [花饰常用的基础针法]

锁针 [○]

样片（正面）

1 先用钩针钩1个锁套。

2 从挂在钩针上的1针中钩出线，就可以钩织好1针锁针。

样片（反面）

3 钩线，从挂在钩针上的1针中钩出线，钩出第2针锁针。

4 重复钩住线并拉出的操作，继续钩织就形成了一条辫子。

短针 [十]

样片

1 钩针插入前一行上面锁针的2根线中。

2 从反面向前把线钩到钩针上。

3 拉出1针锁针高度的线环。

4 再把线钩到钩针上，一次性从挂在钩针上的2个线套中引拨出。

5 短针钩织完成的效果。

引拨针

[⬤]

样片

注意：

这种针法一般用于收没有弹性的边。

1 钩针插入上一行上面锁针的2根线中。

2 钩针挂上线并从2根线和针套中引拨出来。

3 完成1针引拨针。

中长针

[丅]

样片

1 线在钩针上绕1圈。

2 绕好1圈线的钩针插入上一行锁针的2根线中，钩针挂上线。

3 拉出2针锁针高度的线。

4 一次性引拨出挂在钩针上的3个线套。

5 完成1针中长针。

长针
[下]

样片

1　线在钩针上绕1圈。

2　绕好1圈线的钩针插入上一行锁针的2根线中，钩针挂上线。

3　拉出2针锁针高度的线。

4　钩针上挂上线。

5　钩针从2个线套中拉出，并再次挂上线。

6　钩针再一次性地从2个线套中拉出，完成1针长针。

长长针
[下]

样片

1　线在钩针上绕2圈。

2　将绕好2圈线的钩针插入上一行锁针的2根线中，钩针挂上线。

3　拉出2针锁针高度的线，钩针再挂上线。

4　钩针从挂在钩针上的2个线套中拉出，并再次在钩针上挂上线。

5　从2个线套中拉出，钩针上继续挂上线。

6　一次性从挂在钩针上的2个线套中引拨出来，完成1针长长针。

松叶针

样片

1 钩1针长针，钩针挂上线，在同一处穿过，再把线钩出。

2 在同一处钩第2针长针。

3 在同一处钩第3针长针。

4 在同一处钩第4针长针。

5 在同一处钩第5针长针。

6 钩1针短针（为下一行钩松叶针），完成松叶针。

贝壳针

样片

1 在同一处钩2针长针。

2 中间钩1针锁针。

3 再在同一处钩2针长针，就完成了贝壳针。

短针正浮针

样片（正面）

1 正浮针也叫外钩针。

2 从正面把钩针横着穿入，将前一行的针脚整个挑起。

样片（反面）

3 钩针绕线拉出。

4 钩1针短针就完成了1针正浮针，重复以上操作继续钩下一个正浮针。

短针反浮针（反浮针）

样片（正面）

1 反浮针也叫内钩针。

2 从反面把钩针横着穿入，将前一行的针脚整个挑起。

样片（反面）

3 钩针绕上线。

4 钩1针短针就完成了1针反浮针，重复以上操作继续钩下一个反浮针。

1 针短针放 2 针短针

样片

1 钩针插入前一行上面锁针的 2 根线中钩住线并拉出。

2 钩出 1 针锁针长度的线，再次钩住线。

3 引拨出来，1 针短针完成。

4 钩针再次插入同一针上面的锁针的 2 根线中。

5 把线钩住并拉出 1 针锁针长度的线。

6 再次钩住线并引拨出来，完成 1 针放 2 针的短针加针。用放 2 针的方法增加针数，可以形成向外突出的弧线。

短针 2 针并 1 针

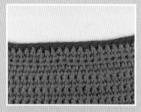

样片

1 钩针插入前一行上面锁针的 2 根线中钩住线并拉出。

2 把线拉出 1 针锁针的长度（未织完的短针）。

3 再次插入前一行的锁针中。

4 钩住线并拉出 1 针锁针长度的线。

5 钩针挂上线钩 2 针未织完的短针。

6 钩针从 3 个线环中引拨出来，完成短针 2 针并 1 针的减针。

中长针1针放2针

样片

1 钩1针中长针，钩针挂上线，在同一处穿过，再把线钩出。

2 钩针从3个线环中引拨出来。

3 中间钩2针锁针作间隔，重复以上操作，完成中长针1针放2针的加针。

中长针2针并1针

样片

1 钩2针未完成的中长针，钩针挂上线从所有环中拉出，形成1针。

2 钩2针锁针作间隔，重复操作步骤1。

短针的菱针编织

每行挑前一行背面的半针锁针进行编织，织片呈凹凸状，看起来像田埂一样，称为菱针编织。

样片

1 钩针插入前一行的半针锁针里。

2 拉出线环钩1针短针，完成菱针编织。

钩针符号表

符号	名称	符号	名称	符号	名称	符号	名称	符号	名称	符号	名称
	Y形纹		锁针		短针		引拔针		1短针放2短针加针		长环针
	变化短退针		变化长针1针右上交叉		变化长针1针左上交叉		变化长针1针3针左上交叉		变化长针1针3针右上交叉		倒Y形纹
	中长针		长针		短绞针		贝壳针		长针1针2针交叉		长针2针1针交叉
	1短针放3短针加针		长长针		长针1针放2针加针		长针2针并1针减针		短针的条针编织		长针1针放3针加针
	长针3针并1针减针		长长长针		短针反浮针		短环针		长针1针交叉		长针反浮针
	短针正浮针		锁3针小环		特长针十字纹		短针2针并1针减针		短针3针并1针减针		短针的菱针编织
	用3针中长针钩的珠针		长针十字纹		特长针正浮针3针的珠针		用3针长针钩的珠针		用5针长针钩的胖针		中长针正浮针
	中长针反浮针		长针正浮针		变化珠针		中长针1针放2针加针		七宝针		中长针2针并1针减针
	中长针1针放3针加针		卷针		拉出的竖针		松叶针		中长针3针并1针减针		用5针中长针钩的胖针

第 2 章

［100 款创意花饰详解］

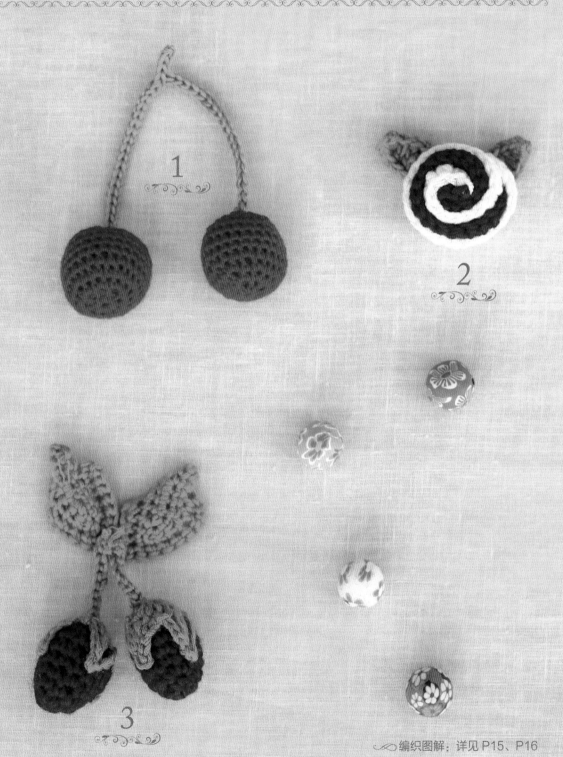

编织图解：详见 P15、P16

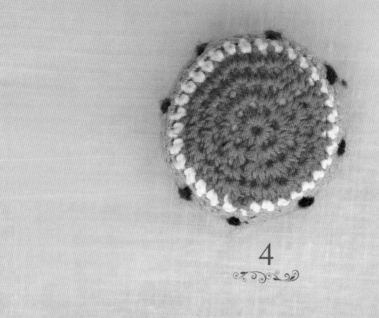

4

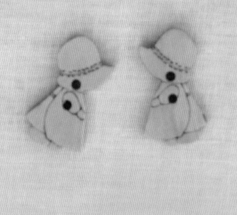

5

6

 编织图解：详见 P16、P17

10

11

12

编织图解：详见 P21、P23、P24

花饰 9 的钩织方法

1　用 1 根 9mm 的棒针做模型，用钩线在棒针上绕 20 圈。

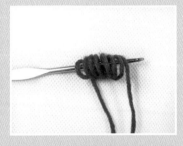

2　小心取下所有线环，钩针从线环中心穿过。

3　钩 1 针短针固定。

4　在线环里钩满 16 针短针。

5　完成了 1 颗葡萄果。

6　留 1cm 的尾线开始钩第 2 个葡萄果，继续在棒针上绕线。

7　按步骤 2~5 的方法完成了第 2 个葡萄果。

8　2 个葡萄果钩好后，开始钩第 3 个葡萄果。依次钩好 6 个葡萄果后，用缝针把钩好的葡萄果从反面缝合固定好，再按图解钩 1 根绿色茎，把 6 个葡萄果再缝合固定在茎上。

花饰 11 的钩织方法

果实

1 按图解钩到果实的第 5 圈。

2 在果实里塞入填充棉或零线头。

3 第 6 圈 2 针短针并 1 针短针，开始减针收果实顶部。

4 钩织完第 6 圈后，留点尾线再将线剪断，穿入缝针，将头针的内侧半针挑起。

5 挑起 6 针后将线扭紧，再将相同的针目挑起扭 1 次，注意拉紧线，然后将针插入编织物中处理线头，完成果实。

叶子

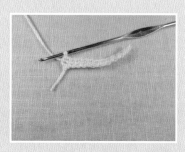

1 起 11 针锁针的辫子，在辫子上钩织 11 针短针后，将织物上下颠倒放置。

2 在起针顶端的针目中钩织 1 针短针，钩 11 针辫子的另一面的 9 针短针。

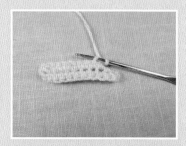

3 折回在第 1 行短针的外侧半针针目上挑针钩条纹针 9 针，在顶部的 1 针短针里钩 3 针短针后钩另一面的 9 针条纹针，完成第 2 行。

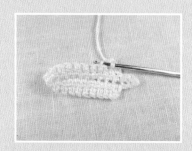

4 按照同样的方法，第 3 行是在第 2 行的短针外侧半针针目上钩织条纹针。

5 第 4 行是在第 3 行的短针外侧半针针目上钩织条纹针。

7

工具：4 号钩针
材料：黄色棉线 5g、咖啡色毛线少许、填充棉 3g
作品详见 P18

果实的针数表

行	针数	加收针数
①	8针	
②	16针	+8针
③	24针	+8针
④	24针	
⑤	32针	+8针
⑥	40针	+8针
⑦~⑩	40针	
⑪	30针	-10针
⑫	30针	
⑬	20针	-10针
⑭~⑰	20针	
⑱	10针	-10针
⑲	10针	

果实（黄色）

枝叶（咖啡色）
起锁针
（5针）

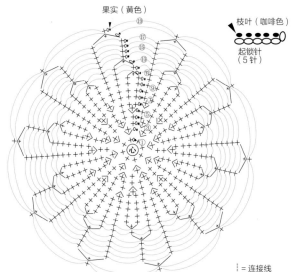

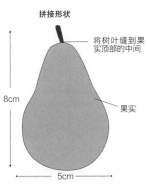

拼接形状

将树叶缝到果实顶部的中间
果实
8cm
5cm

┊┊ = 连接线

塞入填充棉，将线穿过最后 1 行，收紧。

钩织方法：
1. 用黄色线按图解钩好果实，边钩边塞入填充棉，钩到最后 1 行后将线穿过所有针的半针针目，拉紧线头缝合固定。
2. 用咖啡色线钩好枝叶缝到果实顶部的中央。

8

工具：3 号钩针
材料：橘黄色丝光棉线 3g、红色棉线 1g、填充棉 3g
作品详见 P18

果实的针数表

行	针数	加收针数	
①	8针		
②	16针	+8针	
③	24针	+8针	
④	32针	+8针	← 菱针
⑤	40针	+8针	
⑥~⑬	40针		
⑭	32针	-8针	
⑮	24针	-8针	
⑯	16针	-8针	
⑰	8针	-8针	

果实（橘黄色）

卷针结粒绣方法
3出
1出
2入
4入

果实的王冠（橘黄色）

◨ = 在果实的第 3 行
短针剩下的半针
（1 根线）上钩织

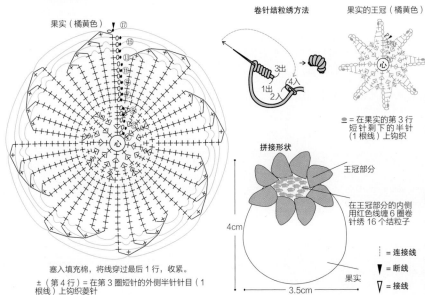

拼接形状
王冠部分
在王冠部分的内侧
用红色线缠 6 圈卷
针绣 16 个结粒子
果实
4cm
3.5cm

┊┊ = 连接线
▼ = 断线
▽ = 接线

塞入填充棉，将线穿过最后 1 行，收紧。
± （第 4 行）= 在第 3 圈短针的外侧半针针目（1 根线）上钩织菱针

钩织方法：
1. 用橘黄色线按图解钩果实，注意第 4 圈是在第 3 圈短针的外侧半针针目上钩菱针，钩到最后 1 行时塞入填充棉，将线穿过所有针的半针针目，拉紧线头缝合固定。
2. 在果实的第 3 行剩下的半针短针上按图解钩王冠。
3. 在王冠部分的内侧用红色线缠 6 圈线卷针绣 16 个结粒子。

9

工具：4 号钩针、9mm 粗的棒针 1 根
材料：紫色棉线 3g、绿色棉线 1g
作品详见 P22
详细图解见 P18

拼接形状

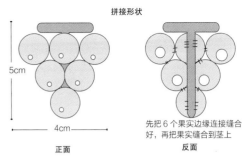

5cm

4cm

正面

反面

先把 6 个果实边缘连接缝合
好，再把果实缝合到茎上

茎（绿色）

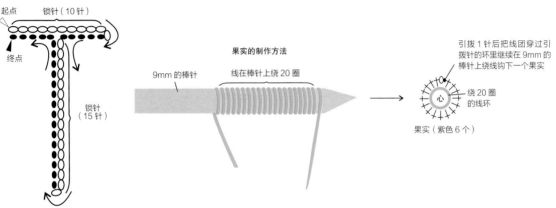

起点
锁针（10 针）

终点

锁针
（15 针）

果实的制作方法

9mm 的棒针

线在棒针上绕 20 圈

引拨 1 针后把线团穿过引
拨针里的环里继续在 9mm 的
棒针上绕线钩下一个果实

心

绕 20 圈
的线环

果实（紫色 6 个）

10

工具：4 号钩针
材料：绿色棉线 1g、奶白色棉线 7g、红色棉线 2g、塑料小珠子 65 粒
作品详见 P19

拼接形状

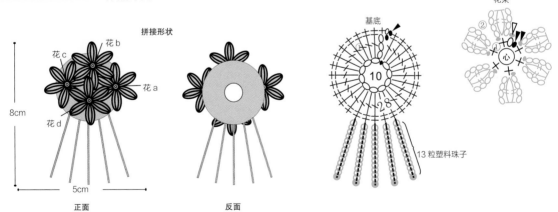

花 c
花 b

花 a

花 d

8cm

5cm

正面

反面

基底

10

28

13 粒塑料珠子

花朵

②

心

▼ = 断线

钩织方法：
1. 按花朵图解钩 3 朵绿色花心奶白色花瓣的花朵。
2. 按花朵图解钩 1 朵奶白色花心红色花瓣的花朵。
3. 用奶白色线钩基底，在基底上缝上 5 条 13 粒塑料珠子。
4. 把 4 朵花朵缝到基底上固定。

11

工具：4 号钩针
材料：黄色棉线 15g、填充棉 3g、发圈 1 个
作品详见 P19
详细图解见 P21

□ = 连接线

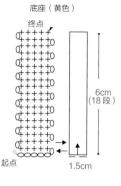

底座（黄色）

终点

6cm
（18 段）

起点

1.5cm

拼接形状

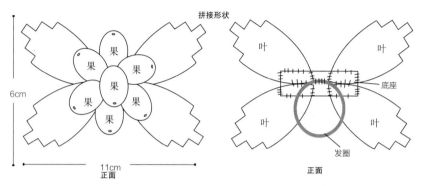

果 果
果 果 果
果 果
6cm

11cm

正面

叶 叶
底座
叶 叶

发圈

正面

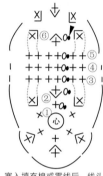

果实（黄色 7 个）

心

塞入填充棉或零线后，线头从
最后一圈的针目中穿过，拉紧

钩织方法：
1. 按叶子图解钩好 4 片叶子。
2. 按果实图解钩好 7 个果实。
3. 按底座图解钩好底座。
4. 中间放 1 个边上围 6 个果实，先把 7 个果实用缝针连接好后固定在底座的正中心。
5. 再把 4 片叶子各缝在底座的两边，果实要压住叶子一部分，最后在底座的反面缝上发圈。

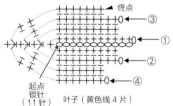

终点
③
①
②
④
起点
锁针
（11 针）
叶子（黄色线 4 片）

果实的针数表

行	针数	加收针数
①	6 针	
②	12 针	+6 针
③~⑤	12 针	
⑥	6 针	-6 针

12

工具：4 号钩针
材料：紫色棉线 9g、填充棉 14g、发圈 1 个
作品详见 P19

果实的针数表

行	针数	加收针数
①	6 针	
②	12 针	+6 针
③~⑤	12 针	
⑥	6 针	-6 针

基底（紫色棉线 2g）

断线

心

拼接形状

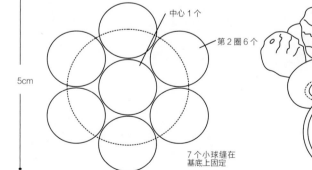

中心 1 个

第 2 圈 6 个

5cm

5cm

正面

7 个小球缝在
基底上固定

发圈

在反面缝
合上发圈

反面

果实（紫色棉线 1g、填充棉 2g）

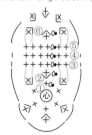

心

塞入填充棉或零线后，线头从最
后一圈的针目中穿过，拉紧

钩织方法：
1. 按图解钩好 6 圈的基底。
2. 按图解钩 7 个 6 针短针的果实。
3. 用同色线按中心 1 个第 2 圈 6 个的排法把果实缝在基底上固定。
4. 在反面缝上发圈就可以当头饰了。

13

14

15

编织图解：详见 P27、P28、P29

16

17

编织图解：详见 P29、P30

18

19

20

21

编织图解：详见 P33、P34

22

23

24

编织图解：详见 P34、P35

19

工具：4 号钩针
材料：黄色棉线 1g、火红色棉线 8g、草绿色棉线 3g、黄绿色棉线 1g
作品详见 P31

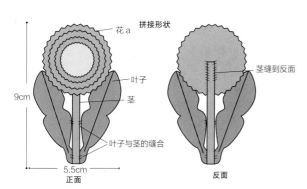

拼接形状

花 a
叶子
茎
茎缝到反面
9cm
叶子与茎的缝合
5.5cm
正面
反面

基底（火红色线 2g）

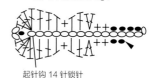

叶子（草绿色 2 片 3g）

起针钩 14 针锁针

▽ = 接线

▲ = 断线

┆ = 连接线

茎（黄绿色 1 根 1g）

起针钩 17 针锁针

= 在 1 针短针内侧的半针针目里钩 1 针
短针、3 针锁针、1 针短针

花 a（黄色线 1g、火红色线 6g）

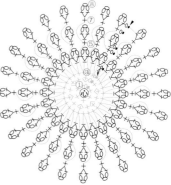

钩织方法：
1. 钩花 a 先用黄色线钩 3 圈花心，用火红色线钩第 4 圈到第 8 圈的花边。
2. 用火红色线按基底的图解钩好基底。
3. 用草绿色线按图解钩好叶子，用黄绿色线按图解钩好茎，把叶子和茎缝好。
4. 用缝针把正面向外的基底缝在花 a 的反面，边缝合边塞入填充棉或零线头。
5. 在缝合基底和花 a 的同时缝上 2 片叶子和茎。

20

工具：4 号钩针
材料：火红色棉线 3g、草绿色棉线 3g
作品详见 P31

绒球（火红色线 3g）

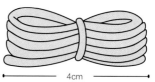

4cm

4cm 宽，绕 40 圈，中间打结两边剪齐成圆球形

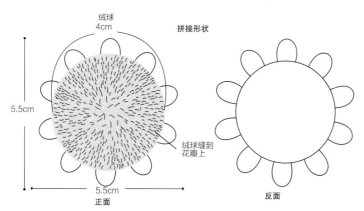

绒球
4cm
拼接形状
5.5cm
绒球缝到花瓣上
5.5cm
正面
反面

花瓣（草绿色线 3g）

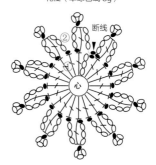

断线

钩织方法：
1. 用火红色棉线在 1 个 4cm 宽的纸板上绕 40 圈取下中间打结，把两边剪齐，修剪成圆球形状。
2. 用草绿色线按图解钩好花瓣，把绒球缝到花瓣上。

21

花心（奶白色）

工具：4 号钩针
材料：桃红色羊毛线 2g、草绿色棉线 2g、奶白色包芯棉线 1g
作品详见 P31

花瓣 a（桃红色羊毛线 1g）

从这一侧卷起

终点
②
①

起点

花的内侧

钩织 15 针锁针

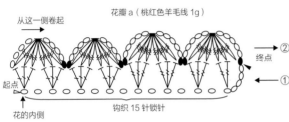

叶子
（草绿色线 2g）

叶子的钩织顺序

终点

起点
锁针
（15 针）

钩织起点

钩织起点

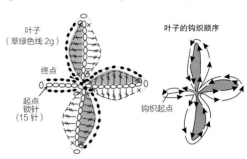

花瓣 b（桃红色羊毛线 1g）

从这一侧卷起

终点
②
①

起点

花的内侧

钩织 15 针锁针

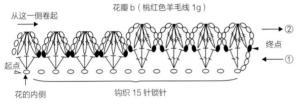

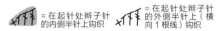

= 在起针处辫子针的内侧半针上钩织　　= 在起针处辫子针的外侧半针上（横向 1 根线）钩织

拼接形状

花 a
花 b
花心
叶子

6cm

4cm

正面　　　　　反面

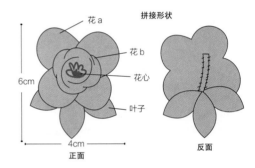

钩织方法：
1. 用桃红色线按花 a 和花 b 的图解钩好 2 层花瓣。
2. 用奶白色线按花心图解钩好花心。
3. 用草绿色线按叶子的图解钩好叶子。
4. 将花瓣 a 和花瓣 b 各自然卷成花朵形状后，把花瓣 b 放到花瓣 a 上，再放入花心，将中心⋯⋯⋯⋯最后在花的反面缝合上叶子。

┆ = 连接线

22

工具：4 号钩针
材料：红色兔毛线 3g、塑料珠子 1 粒
作品详见 P32

拼接形状

6cm

6cm

在花的中心缝上塑料珠子 1 粒

正面　　　　　反面

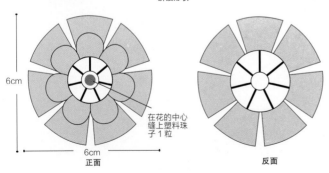

断线

心

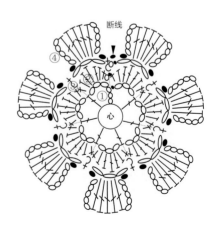

钩织方法：
1. 手指绕线围成圈起针，在圈内钩 1 针长针、3 针锁针的网格，重复操作 7 次。
2. 第 2 圈在 3 针锁针的网格上钩小花瓣。
3. 第 3 圈在第 1 圈的长针上钩 1 针短针反浮针、3 针锁针的网格，重复操作 7 次。
4. 第 4 圈在 3 针锁针的网格上钩 1 针引拨针、5 针锁针、5 针长针（长针要拉到 5 针锁针的高度）、5 针锁针、1 针引拨针，重复操作钩 7 片花瓣。
5. 在钩好的花朵中心缝上 1 粒塑料珠子。

┆ = 连接线　　　　　{ = 短针反浮针（内钩短针）

23

工具：4 号钩针
材料：草绿色棉线 5g
作品详见 P32

▽ = 接线
▼ = 断线
┊ = 连接线
⬭ = 把线放在织物的下面钩 1 针引拨针

叶子形状

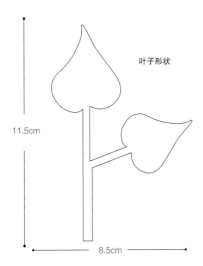

11.5cm

8.5cm

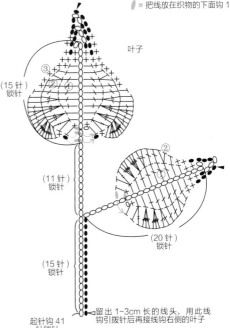

叶子

(15 针)
锁针

③
②
①

(11 针)
锁针

②
①

(20 针)
锁针

(15 针)
锁针

留出 1~3cm 长的线头，用此线
钩引拨针后再接线钩右侧的叶子

起针钩 41
针锁针

钩织方法：
1. 钩 41 针锁针的辫子（起钩前留 1~3cm 的线头），在 15 针锁针的辫子上按图解钩 1 片叶子后断线。
2. 在起针处用预留的线头引入引拨针后接线继续钩 15 针引拨针，再按图解钩 20 针锁针，在锁针上按图解钩另 1 片小叶子。

24

工具：4 号钩针
材料：草绿色线 3g、锈红色线 2g、填充棉 2g、塑料珠子 7 粒
作品详见 P32

拼接形状

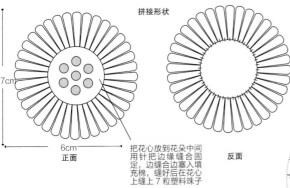

7cm

6cm

正面   反面

把花心放到花朵中间
用针把边缘缝合固
定，边缝合边塞入填
充棉，缝好后在花心
上缝上 7 粒塑料珠子

花朵（草绿色线 3g）   放大图

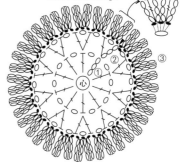

① ② ③
心

花心（锈红色线 2g）

钩织方法：
1. 用草绿色线按图解钩好花朵。
2. 用锈红色线按图解钩好花心。
3. 把花心放到花朵的中心缝合固定，边缝合边塞入填充棉，最后在花心上缝上 7 粒塑料珠子。

▽ = 接线
▼ = 断线
┊ = 连接线

花心的针数表

行	针数	加收针数
①	6 针	/
②	12 针	+6 针
③	18 针	+6 针
④	24 针	+6 针
⑤	30 针	+6 针
⑥	30 针	/

25

26

27

编织图解：详见 P38、P39

37

38

39

编织图解：详见 P49、P50

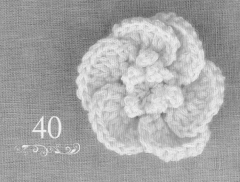

40

41

42

编织图解：详见 P50、P51

37

工具：4 号钩针
材料：黄绿色棉线 3g、奶白色包芯棉线 9g
作品详见 P47

拼接形状

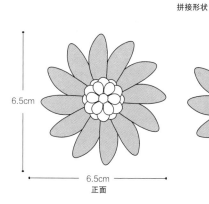

6.5cm

6.5cm

正面

反面

花 a（黄绿色线 1g、奶白色线 9g）

花心（黄绿色线 2g）

▽ = 接线
▼ = 断线
⫶ = 连接线
⟊ = 短针的菱针编织，只钩短针的半针

钩织方法：
1. 钩花 a 用黄绿色线钩 6 针锁针引拨针围成圈，第 1 圈在圈内钩 12 针短针。
2. 第 2 圈在每针短针的内侧半针针目里钩 1 针引拨针，6 针锁针，1 针引拨针。
3. 第 3 圈换奶白色线在第 1 圈每针短针的外侧半针针目（横向的那一根）里钩 1 针引拨针，9 针锁针（在锁针上钩 1 针短针、1 针中长针、5 针长针、1 针中长针、1 针短针）、1 针引拨针。
4. 用黄绿色线按花心的图解钩好花心，把花心缝在花 a 的中心。

38

工具：4 号钩针
材料：黄绿色棉线 3g、淡绿色棉线 6g、填充物 2g
作品详见 P47

拼接形状

6.5cm

6.5cm

正面

花心 1

反面

花心 2

▼ = 断线
⟆ = 绕 5 次线长针的松叶针

花心 1（黄绿色线 2g）

花心 2（黄绿色线 1g）

花瓣（淡绿色线 6g）

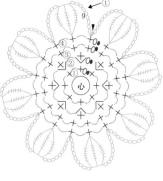

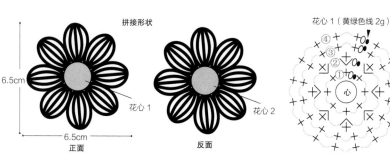

钩织方法：
1. 用黄绿色线钩花心 1 和花心 2。
2. 把花心 1 和花心 2 正面向外合拢对齐，再将它们外侧的半针针目挑起用淡绿色线钩花瓣，边钩边塞入填充棉或零线头。

花心 2 的针数表

行	针数	加针数
①	8 针	
②	16 针	+8 针

花心 1 的针数表

行	针数	加针数
①	8 针	
②	16 针	+8 针
③	16 针	
④	16 针	

39

工具：4 号钩针
材料：淡绿色棉线 12g、塑料珠子 1 粒
作品详见 P47

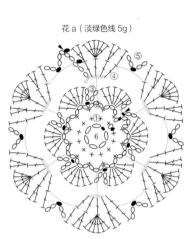

花 a（淡绿色线 5g）

花 b（淡绿色线 7g）

拼接形状

8cm

8cm

把花 a 放到花 b 上中心缝合固定，并在中心缝上塑料珠子 1 粒

正面

反面

钩织方法：
1. 按图解方法钩好花 a 和花 b。
2. 把花 a 放到花 b 上，中心对好缝合固定。
3. 在中心缝上 1 粒塑料珠子。

▽ = 接线

▼ = 断线

∷ = 连接线

40

工具：4 号钩针
材料：黄色棉线 8g、翠绿色棉线 1g
作品详见 P48

拼接形状

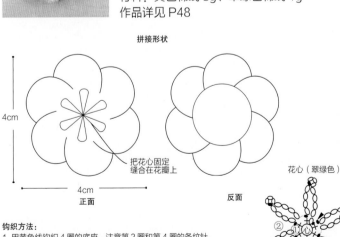

4cm

4cm

正面

反面

把花心固定缝合在花瓣上

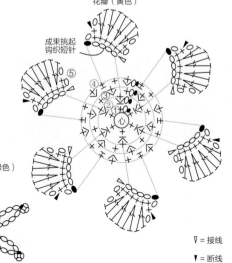

花瓣（黄色）

成束挑起钩织短针

花心（翠绿色）

▽ = 接线

▼ = 断线

∷ = 连接线

钩织方法：
1. 用黄色线钩织 4 圈的底座，注意第 2 圈和第 4 圈的条纹针。
2. 第 5 圈是在第 1 圈的头针半针针目上接线钩 4 针锁针后，再把钩针插入第 3 圈条纹针头针位置引拨钩织。
3. 用翠绿色线按图解钩好花心。
4. 把花心固定缝合在花瓣中心。

41

工具：4 号钩针
材料：白色棉线 7g、黄色塑料扣 1 枚
作品详见 P48

拼接形状

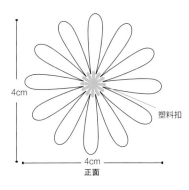

4cm
4cm
塑料扣
正面

用缝针把塑料扣缝合在花朵的中心
反面

钩织方法：
1. 钩 6 针锁针引拨针围成圈，在圈内钩 12 针短针。
2. 在每 1 针短针周围钩 1 针引拨针、13 针锁针，重复操作 12 次。
3. 在钩好的花中心缝上 1 枚塑料扣。

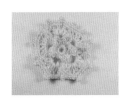

42

工具：4 号钩针
材料：翠绿色棉线 9g
作品详见 P48

拼接形状

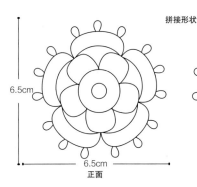

6.5cm
6.5cm
正面

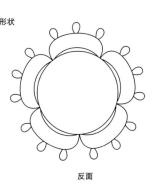

反面

钩织方法：
1. 用 4 号钩针钩 5 针锁针引拨针围成圈。
2. 第 1 圈在圈里钩 10 针短针。
3. 第 2 圈在 2、4、6、8、10 短针的内侧半针中钩织 3 针长针的松叶针，其他按图解钩。
4. 第 3 圈在第 2 圈的内侧开始将第 1 圈短针的外侧半针（剩下的横向 1 根）挑起钩织短针后，再钩 7 针锁针的网格。
5. 第 4 圈在 7 针网格上钩 1 针长针、1 针锁针，重复 8 次，再钩 1 针长针。
6. 第 5 圈在上一圈的长针和锁针上钩短针和狗牙针。

┼┼ = 短针的菱针编织

┼┼ = 短针的菱针编织　┊┊ = 连接线

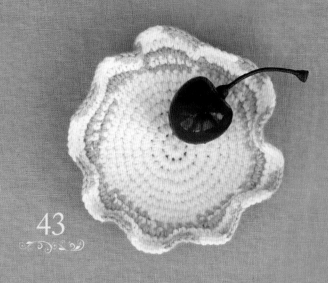

43

44

编织图解：详见 P55、P56

45

46

47

48

编织图解：详见 P54、P56、P57

花饰 46 的钩织方法

1 按图解钩好花瓣。

2 将花瓣的起针侧朝上，将织片的反面朝下，从顶端开始卷。

3 起针侧在中间形成旋涡状。

4 钩花的尾线穿上缝针，从花朵中心穿过，注意不要歪斜，穿过对侧后将线拉出。

5 稍稍转动织片，挑起线圈，然后再将针从中心穿到对侧。

6 重复操作缝合花底。

7 最后在花心中间缝合1枚塑料扣子。

8 完工。

55

56

编织图解，详见 P66、P67

57

58

59

编织图解：详见 P65、P67、P68

60

61

62

编织图解：详见 P71、P72、P73

63

64

65

66

编织图解：详见 P73、P74

花饰 62 的钩织方法

1 用黄色线按花心的图解钩 2 层短针条纹针的基底。

2 在基底第 2 圈的每针短针的内侧半针针目上钩 1 针引拨针、5 针锁针（1 针立起针）、4 针引拨针、1 针锁针。

3 按步骤 2 的操作在基底第 2 圈钩 12 片花瓣后，再回到基底第 1 圈钩 6 片花瓣，完成花心。

4 换粉红色线在花心第 2 圈的外侧半针针目上钩 1 针短针、2 针锁针的网格 6 个，在 2 针锁针的网格上钩花瓣。

5 在步骤 4 的每针短针上钩 1 针短针、3 针锁针的网格 6 个，在 6 个网格上钩 9 片花瓣。

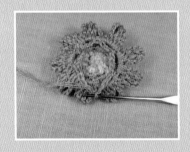

6 在步骤 5 的每针短针上钩 1 针短针、4 针锁针的网格 6 个，在 6 个网格上钩 9 片花瓣。

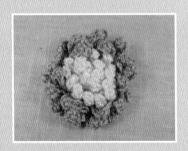

7 在花心上完成 3 层花瓣的效果。

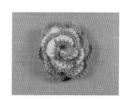

61

工具：4 号钩针
材料：白色棉线 11g、粉红色天丝棉线 1g
作品详见 P69

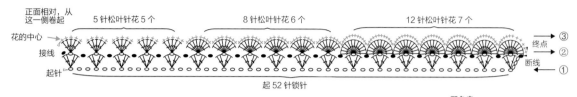

正面相对，从这一侧卷起

5 针松叶针花 5 个　　8 针松叶针花 6 个　　12 针松叶针花 7 个

花的中心 →
接线
起针
起 52 针锁针

③ 终点
② 断线
①

配色表

行数	颜色
①~②	白色
③	粉红色

拼接形状

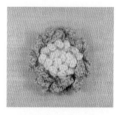

5.5cm

5.5cm

正面

反面

在反面用缝合针缝合固定

钩织方法：
1. 用白色线起 52 针锁针，在锁针上钩 18 针贝壳针的花。
2. 第 2 行在 5 个贝壳针的花样上钩 5 针长针的松叶针花 5 个，在 6 个贝壳针的花样上钩 8 针长针的松叶针花 6 个，剩下的贝壳针花全部钩 12 针长针的松叶针花 7 个后断线。
3. 第 3 行接线从 5 针松叶针花的一边接，在所有的松叶针花边上钩粉红色的短针。
4. 把钩好的花边正面相对从 5 针松叶针的一边开始卷起，卷成玫瑰花的形状在底部用针缝好固定。

62

工具：4 号钩针
材料：黄色棉线 3g、粉红色天蚕丝线 6g
作品详见 P69
详细图解见 P71

拼接形状

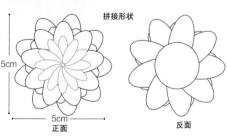

5cm

5cm

正面

反面

花心（黄色）④ 断线

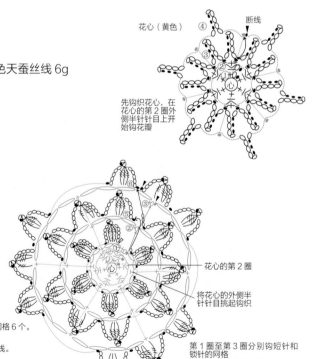

先钩织花心，在花心的第 2 圈外侧半针针目上开始钩花瓣

花心的第 2 圈

将花心的外侧半针针目挑起钩织

第 1 圈至第 3 圈分别钩短针和锁针的网格
第 4 圈至第 6 圈是分别将第 1 圈至第 3 圈的网格成束挑起钩珠针

⊥ = 将第 1 圈首针的外侧半针针目挑起钩织
● = 将第 2 圈内侧半针针目挑起钩织
○ = 将第 1 圈内侧半针针目挑起钩织

▽ = 接线
▼ = 断线
⋮ = 连接线

钩织方法：
1. 用黄色线按图解先钩好花心。
2. 花瓣第 1 圈是在花心第 2 圈的外侧半针针目上钩 1 针短针、2 锁针的网格 6 个。
3. 花瓣第 2 圈是在第 1 圈的短针上钩 1 针短针、3 锁针的网格 6 个。
4. 花瓣第 3 圈是在第 2 圈的短针上钩 1 针短针、4 锁针的网格 6 个，断线。
5. 花瓣第 4 圈是在第 1 圈的 2 针锁针的网格上接线钩珠针。
6. 花瓣第 5 圈是在第 2 圈的 3 针锁针的网格上钩珠针。
7. 花瓣第 6 圈是在第 3 圈的 4 针锁针的网格上钩珠针。

63

工具：4 号钩针
材料：粉色天丝棉线 9g、西瓜红棉线 1g
作品详见 P69

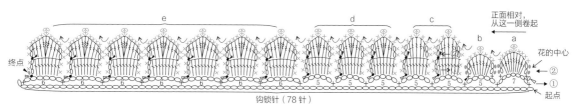

钩锁针（78 针）

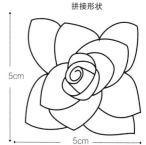

拼接形状

5cm

5cm

钩织方法：
1. 钩 1 条 78 针锁针的辫子，在辫子上按图解上方方法钩 6 针锁针、5 针锁针、7 针锁针的网格。
2. 从右向左在网格上先钩花样 a 和花样 b 后断线。
3. 再从左向右在网格上钩花样 c、花样 d、花样 e，注意每一个花样都是单独钩织的。
4. 从花样 a 这一边接线按图解钩短针和短针的加针花样到所有花样。
5. 以花样 a 为中心把所有的花样卷成花朵形状，底部用针缝好固定。

▽ = 接线
▼ = 断线
⊕ = 在上一行 1 针中钩 1 针短针、2 针锁针、1 针短针

64

工具：4 号钩针
材料：白色棉线 1g、粉红色天蚕丝线 5g、西瓜红棉线 2g
作品详见 P70

拼接形状

6cm

6cm

正面

反面

把花心缝在花瓣的中心上

花瓣

=3 针 4 卷长针的珠针

②

▽ = 接线
▼ = 断线

花心（西瓜红棉线 2g）

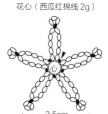

2.5cm

配色表

行数	颜色
①	白色
②	粉红色

钩织方法：
1. 将白色线用手指绕线围成圈起针，在圈内钩 2 针锁针、1 针长针、3 针长长针、1 针长针、2 针锁针的花瓣，重复操作钩 5 片。
2. 第 2 圈换粉红色线按图解在上一圈的每 1 片花瓣上再钩 1 片大花瓣。
3. 用西瓜红色线钩花心，用手指绕线围成圈起针，在圈内钩 1 针引拨针、5 针锁针、3 针狗牙针、5 针锁针、1 针引拨针，重复操作 5 次。
4. 用针把花心缝在花朵的中心固定。

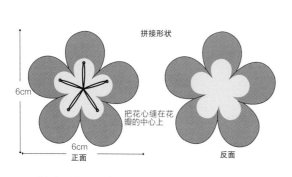

65

工具：4 号钩针
材料：白色毛线 1g、桃红色棉线 3g、橘黄色棉线 4g、红色塑料珠子 5 粒
作品详见 P70

拼接形状

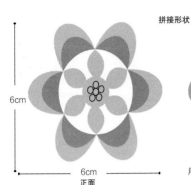

6cm

6cm

正面

用缝针把红色塑料珠子钉到花朵的中心
反面

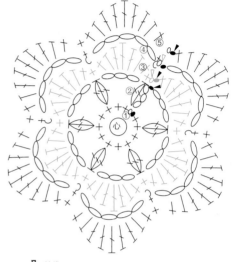

▽ = 接线
▼ = 断线
ᵗ = 短针反浮针（内钩短针）

钩织方法：
1. 用白色线手指绕线围成圈起针，在圈内钩 12 针短针。
2. 第 2 圈在 1、3、5、7、9、11 短针上钩 3 针长针珠针和 3 针锁针的网格。
3. 第 3 圈换桃红色线在 3 针锁针上钩花瓣。
4. 第 4 圈换橘黄色线钩 1 针短针反浮针、5 针锁针的网格。
5. 第 5 圈在 5 针锁针上钩花瓣。
6. 在钩好的花朵中心用针缝上 5 粒红色小塑料珠子。

配色表

行数	颜色
①～②	白色
③	桃红色
④～⑤	橘黄色

66

工具：4 号钩针
材料：奶白色棉线 3g、桃红色棉线 7g、塑料扣 1 枚
作品详见 P70

拼接形状

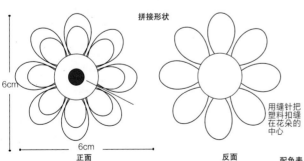

6cm

6cm

正面

反面

用缝针把塑料扣缝在花朵的中心

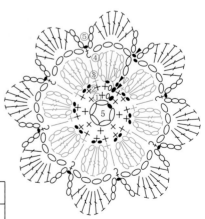

▽ = 接线　▼ = 断线　┅ = 连接线
ᵗ = 短针反浮针（内钩短针）

钩织方法：
1. 用桃红色线钩 5 针锁针引拨针围成圈，在圈内钩 8 针短针。
2. 第 2 圈在每 1 针短针上加 1 针短针，这 1 圈钩 16 针短针。
3. 第 3 圈用奶白色线在 1、3、5 等单数短针上钩 1 针引拨针、4 锁针、3 针长长针的松叶针和 4 针锁针、1 针引拨针的花瓣，在 2、4、6 等双数短针上钩 1 针短针。
4. 第 4 圈在第 3 圈的每针短针上钩 1 针短针反浮针、4 针锁针的网格。
5. 第 5 圈在 4 针锁针的网格上钩花瓣。

配色表

行数	颜色
①～②	桃红色
③	奶白色
④～⑤	桃红色

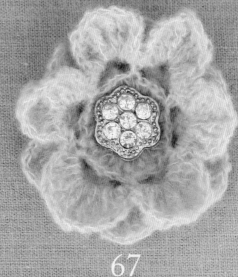

67

68

69

编织图解：详见 P78、P79

70

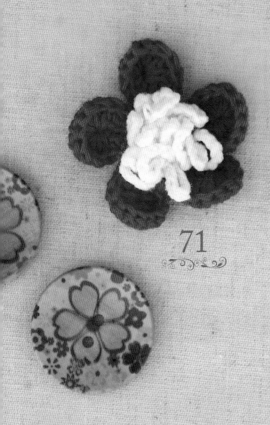

71

72

73

74

编织图解：详见 P77、P80、P81

花饰 74 的钩织方法

1 手指绕线围成圈起针，在圈内钩 12 针短针，在每 2 针短针上钩 1 针短针、3 针锁针的网格，重复 6 次，在网格上钩第 1 层花瓣。

2 如图在花朵背面钩 1 针短针反浮针、5 针锁针的网格，重复 6 次。

3 在 5 针锁针的网格上钩第 2 层花瓣。

4 钩完 2 层花瓣的样子。

5 在花朵的背面钩 1 针短针反浮针、7 针锁针的网格，重复 6 次。

6 在 7 针锁针的网格上钩第 3 层花瓣。

7 钩完后留一些尾线穿上缝针，用缝针把线如图穿到花朵的背面中心。

8 在花朵的正面缝上塑料珠子。

9 缝合好 3 粒塑料珠子完成的效果。

10 再在花朵的背面缝合固定上金属别针，这样花朵就可以做胸花装饰品了。

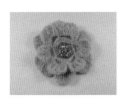

67

工具：4 号钩针
材料：粉红色马海毛线 6g、金属扣子 1 枚
作品详见 P75

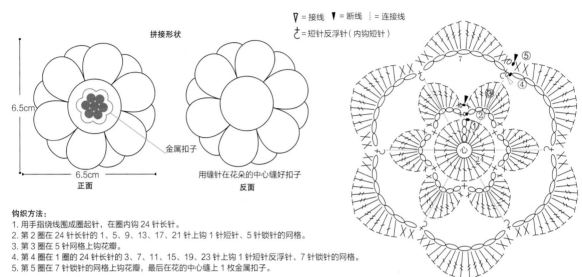

∇ = 接线　▼ = 断线　┊ = 连接线
ↄ = 短针反浮针（内钩短针）

拼接形状

6.5cm

6.5cm

正面

金属扣子

反面

用缝针在花朵的中心缝好扣子

7

⑤
④
③
②
①
心
24

钩织方法：
1. 用手指绕线围成圈起针，在圈内钩 24 针长针。
2. 第 2 圈在 24 针长针的 1、5、9、13、17、21 针上钩 1 针短针、5 针锁针的网格。
3. 第 3 圈在 5 针网格上钩花瓣。
4. 第 4 圈在 1 圈的 24 针长针的 3、7、11、15、19、23 针上钩 1 针短针反浮针、7 针锁针的网格。
5. 第 5 圈在 7 针锁针的网格上钩花瓣，最后在花的中心缝上 1 枚金属扣子。

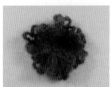

68

工具：4 号钩针
材料：锈红色马海毛线 2g
作品详见 P75

拼接形状

5cm

5cm

正面

反面

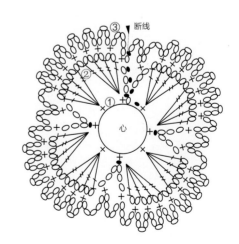

③　断线
②
①
心

钩织方法：
1. 用手指绕线围成圈起针，在圈内钩 8 针短针。
2. 第 2 圈按图解在短针上钩花瓣。
3. 第 3 圈在所有的花瓣上钩 1 针短针、5 针锁针的网格花。

69

工具：4号钩针
材料：粉红色马海毛线 2g
作品详见 P75

断线

拼接形状

5cm

5cm

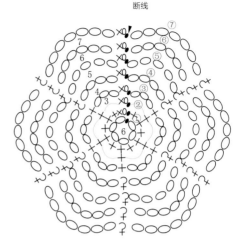

⋮ = 连接线

ᘔ = 短针反浮针（内钩短针）

钩织方法：
1. 钩6针锁针引拨围成圈，在圈内钩12针短针。
2. 第2圈在短针的1、3、5、7、9、11短针上再钩1针短针，这圈是6针短针。
3. 第3圈在第2圈的每针短针上钩1针短针、3针锁针的网格。
4. 从第4圈到第7圈，都是钩短针反浮针，网格的锁针数从4针、5针、6针、7针逐步增加。

70

工具：4号钩针
材料：红色马海毛线 2g
作品详见 P75

如图钩好5针中长针后钩3针锁针的辫子，然后把针插入到第②行的锁针网格上钩，1针引拨针后钩下一片花瓣

拼接形状

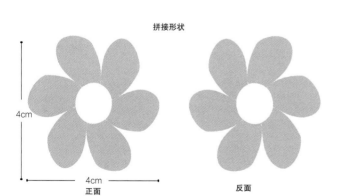

4cm

4cm

正面　　　　　　　　反面

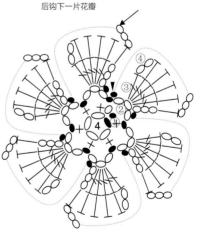

▼ = 断线

⋮ = 连接线

钩织方法：
1. 钩4针锁针引拨围成圈，在圈内钩6针短针。
2. 第2圈在每针短针上钩1针引拨针、3针锁针的网格。
3. 第3圈在3针锁针的网格上钩1针引拨针、3针锁针立起、5针长针的松叶针，再折回钩2针锁针立起、5针中长针后，钩3针锁针、1针引拨针与下一个3针网格连接，重复操作钩6片花瓣。

71

工具：4 号钩针
材料：白色棉线 1g、红色丝光棉线 3g
作品详见 P76

花朵（红色线）

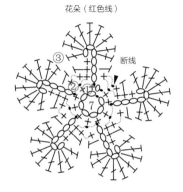

③

断线

②×1针

7

拼接形状

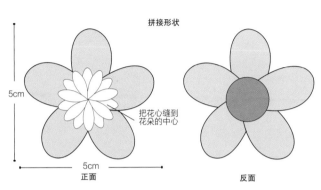

5cm

5cm

把花心缝到
花朵的中心

正面

反面

花心（白色线）

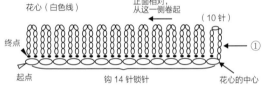

正面相对，
从这一侧卷起

（10针）

终点

①

起点

钩 14 针锁针

花心的中心

钩织方法：

1. 用红色线按图解钩好花朵。
2. 用白色线按图解钩好花边，从花边的一侧卷起底部缝
好固定，然后把缝好的花心再缝到花朵的中心。

┊ = 连接线

72

工具：4 号钩针
材料：西瓜红色羊毛线 4g、塑料扣子 1 枚
作品详见 P76

断线

④

③

②

心

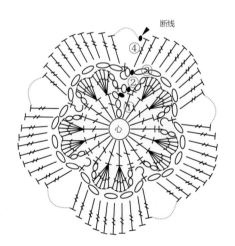

拼接形状

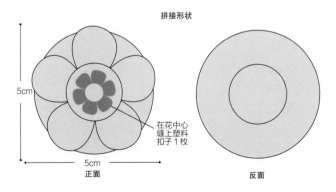

5cm

5cm

在花中心
缝上塑料
扣子 1 枚

正面

反面

┊ = 连接线

ᘓ = 短针反浮针（内钩短针）

钩织方法：

1. 手指绕线围成起针，在圈内钩 20 针长针。
2. 第 2 圈在 4 针长针上钩 1 针短针、2 针锁针、10 针长针、2 针锁针、1 针短针的花瓣，重复操作钩 5 片花瓣。
3. 第 3 圈把上一圈的 2 针短针钩住钩 1 针短针反浮针、5 针锁针的网格。
4. 第 4 圈在 5 针锁针的网格上钩 9 针长长针，重复 5 次围成圈。
5. 在钩好的花朵中心缝上塑料扣子 1 枚。

73

工具：4 号钩针
材料：白色棉线 1g、红色棉线 5g、白色塑料珠子 1 粒、黄色塑料小珠子 23 粒
作品详见 P76

拼接形状

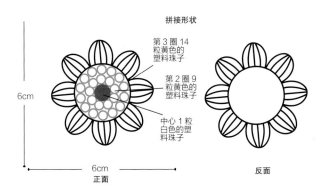

第 3 圈 14 粒黄色的塑料珠子
第 2 圈 9 粒黄色的塑料珠子
中心 1 粒白色的塑料珠子

6cm

6cm

正面

反面

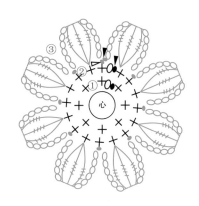

③

②

①

心

钩织方法：
1. 将白色线用手指绕线围成圈起针，在圈内钩 8 针短针。
2. 第 2 圈在每针短针上加 1 针短针，共钩 16 针短针。
3. 第 3 圈换红色线钩 6 针锁针、3 绕 3 次线的长针松叶针、6 针锁针、1 针引拨针的花瓣 8 片。
4. 在钩好的花朵中心缝珠子，中心第 1 层缝 1 粒白色塑料珠子，第 2 层缝 9 粒黄色的小珠子，第 3 层缝 14 粒黄色的小珠子。

配色表

行数	颜色
①~②	白色
③	红色

▽ = 接线　　▼ = 断线

⫯ = 短针反浮针（内钩短针）

74

工具：4 号钩针
材料：玫红色蕾丝棉线 11g、塑料珠子 3 粒、金属别针 1 枚
作品详见 P76
详细图解见 P77

⫶ = 连接线
⫯ = 短针反浮针（内钩短针）

拼接形状

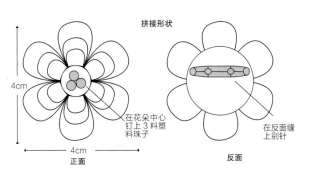

4cm

4cm

正面

反面

在花朵中心钉上 3 料塑料珠子

在反面缝上别针

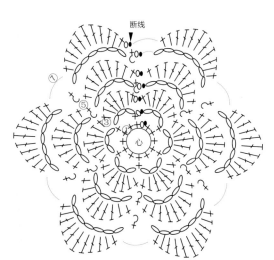

断线

心

钩织方法：
1. 用手指绕线围成圈起针，在圈内钩 12 针短针。
2. 第 2 圈在每 2 针短针上钩 1 针短针、3 针锁针的网格，重复操作钩 6 个网格。
3. 第 3 圈在 3 针锁针的网格上钩花瓣。
4. 第 4 圈钩 1 针短针反浮针、5 针锁针的网格 6 个。
5. 第 5 圈在 5 针锁针的网格上钩花瓣，第 6 圈钩 7 针锁针的网格 6 个，第 7 圈在 7 针锁针的网格上钩花瓣。
6. 在花朵的中心缝上 3 粒塑料珠子，在花朵的反面缝上别针就可以做胸花了。

编织图解：详见 P84、P85、P86

75

76

77

编织图解：详见 P86、P87

78

79

80

花饰 77 的钩织方法

1 手指绕线围成圈起针，在圈内钩 16 针短针，在每针短针上钩 1 针长针、2 针锁针的网格，完成第 2 圈后，另准备一条 4 根钩线做的基线。

2 把基线放在第 2 圈上，用包基线钩法在基线和第 2 圈的 2 针锁针上钩 3 针短针。

3 第 3 圈共钩 48 针短针。

4 继续用包基线钩法，在上一圈短针上钩 3 针短针。

5 直接在基线上按图解钩花瓣。

6 把钩好的花瓣逆时针转一下方向。

7 用包基线钩法在上一圈的短针上钩 3 针短针。

8 重复以上步骤钩 12 片花瓣。

79

工具：4 号钩针
材料：翠绿色棉线 1g、锈红色棉线 12g
作品详见 P83

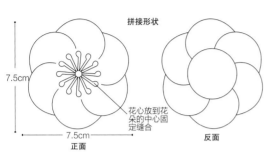

拼接形状

7.5cm

7.5cm

正面

反面

花心放到花朵的中心固定缝合

花心（锈红色和翠绿色）

▽ = 接线
▼ = 断线
⁝ = 连接线

花朵（锈红色）

在上 1 个织片的短针上引拨钩织长针

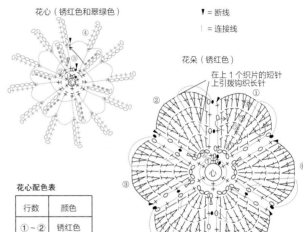

钩织方法：
1. 钩花朵，用手指绕线围成圈起针，在圈内钩 6 针短针。
2. 第 2 圈在每针短针上钩 1 针短针、3 针锁针的网格。
3. 在 3 针锁针的网格上钩 4 层的花瓣，注意后一片花瓣与前一片花瓣的 2 个连接点，第 6 片花瓣与第 1 片花瓣只有 1 个连接点。
4. 把花心放在花朵的中心固定缝合。

花心配色表

行数	颜色
① ～ ②	锈红色
③ ～ ④	翠绿色

80

工具：4 号钩针
材料：锈红色棉线 14g、淡绿色棉线 1g、白色大塑料珠子 1 粒、黄色小塑料珠子 31 粒
作品详见 P83

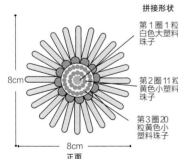

拼接形状

第 1 圈 1 粒白色大塑料珠子

第 2 圈 11 粒黄色小塑料珠子

第 3 圈 20 粒黄色小塑料珠子

8cm

8cm

正面

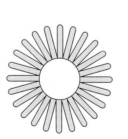

反面

▽ = 接线
▼ = 断线
⁝ = 连接线

（在上一圈的短针的半针针目上钩织 2 针短针和 3 针锁针、1 针引拨针的狗牙针花）

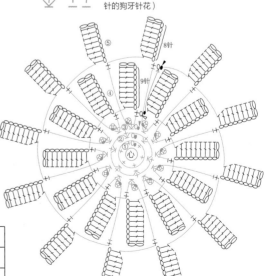

5针
8针
9针

钩织方法：
1. 用淡绿色线手指绕线围成圈起针，在圈内钩 6 针短针。
2. 第 2 圈在第 1 圈每针短针的外侧的半针针目上钩 2 针短针，这 1 圈共钩 12 针短针。
3. 第 3 圈在第 2 圈每针短针的外侧的半针针目上钩 2 针短针、1 针狗牙针（3 针锁针、1 针引拨针），这 1 圈共钩 21 针短针、12 针狗牙针。
4. 第 4 圈换锈红色线在第 3 圈每 2 针短针的内侧半针针目上钩 9 针锁针的花瓣 12 片。
5. 第 5 圈在第 3 圈每 2 针短针的外侧半针针目上钩 8 针锁针的花瓣 12 片。

配色表

行数	颜色
① ～ ③	淡绿色
④ ～ ⑤	锈红色

编织图解：详见 P90、P91、P92

81

82

83

编织图解：详见 P92、P93

84

85

86

花饰 81 的钩织方法

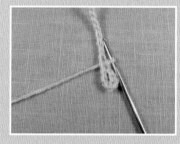

1　用黄色线钩 17 针锁针的辫子，在倒数第 8 针处引拨围成圈。

2　在剩下的 9 针锁针上钩花瓣。

3　折回在花瓣的内侧半针针目上挑针钩短针回到圆圈处引拨 1 针。

4　换火红色线在上 1 个花瓣的外侧半针针目上挑针钩第 2 片花瓣。

5　第 2 片花瓣完成。

6　同样的在第 2 片花瓣的内侧的半针针目上挑针钩短针回到圆圈处引拨 1 针。

7　重复上面的步骤钩完 12 片花瓣的效果。

8　用第 1 片花瓣的边与第 12 片花瓣的半针合并引拨缝合。

9　引拨缝合完成的效果图。

10　在花朵的中心缝合固定上 1 枚塑料扣子做装饰。

81

工具：5号钩针
材料：火红色棉线6g、黄色棉线6g、塑料扣子1枚
作品详见P88
详细图解见P90

拼接形状

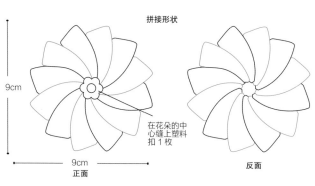

9cm

9cm

正面

反面

在花朵的中心缝上塑料扣1枚

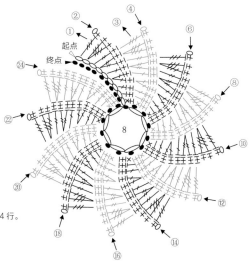

钩织方法：
1. 用火红色线钩17针锁针，在倒数第8针处围成圈，在剩下的9针锁针上按图解钩花瓣。
2. 2行钩1片花瓣，在钩黄色线时，用包基线的方法将黄色线包住火红色线，钩第3行和第4行。
3. 注意从第3行开始钩针都是在上1行的半针针目上钩花瓣的。
4. 重复步骤2和3钩完24行12片花瓣，最后用引拨针把24行与9针锁针连接。
5. 在花心中间缝1枚塑料扣子。

82

工具：4号钩针
材料：火红色棉线5g、黄色棉线2g、红色塑料珠子8粒
作品详见P88

拼接形状

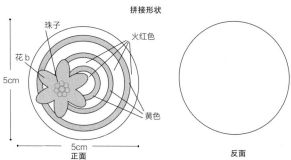

珠子
火红色
花b
黄色

5cm

5cm

正面

反面

花a(火红色和黄色)

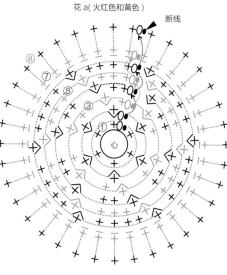

断线

花a针数表

行	针数	加针数
①	6针	
②	12针	+6针
③	18针	+6针
④	24针	+6针
⑤	30针	+6针
⑥	36针	+6针
⑦~⑧	36针	

花a配色表

行数	颜色
①~②	火红色
③⑤⑦	黄色
④⑥⑧	火红色

断线

钩织方法：
1. 按图解钩好花a和花b。
2. 把花b放到花a里面，并在花b中心缝上8粒红色塑料珠子，在缝珠子的同时把花b固定在花a上面。

83

工具：5 号钩针
材料：火红色棉线 12g、塑料扣子 1 枚
作品详见 P88

拼接形状

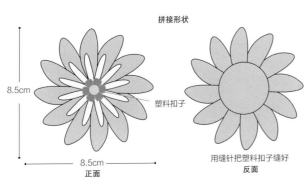

8.5cm

塑料扣子

8.5cm

正面

用缝针把塑料扣子缝好

反面

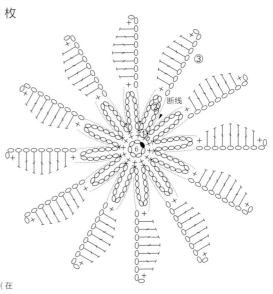

③

断线

钩织方法：

1. 6 针锁针引拨针围成圈，第 1 圈在圈内钩 12 针短针。
2. 第 2 圈在每针短针的内侧半针针目里钩 1 针引拨针、12 针锁针、1 针引拨针。
3. 第 3 圈在第 1 圈每针短针的外侧半针针目（横向的那一根）里钩 1 针引拨针、9 针锁针（在锁针上钩 1 针短针、1 针中长针、5 针长针、1 针中长针、1 针短针）、1 针引拨针。
4. 在花的中心缝上 1 枚塑料扣子。

‖ = 连接线　　⊥ = 在上 1 行的半针针目上挑针钩织

84

工具：4 号钩针
材料：黄绿色棉线 5g、大红色羊毛线 2g、锈红色羊毛线 2g
作品详见 P89

拼接形状

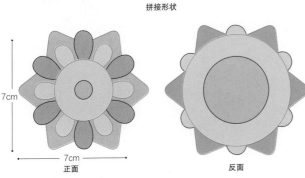

7cm

7cm

正面

反面

▽ = 接线
▼ = 断线　　= 6 针长长针的胖针

⑤　④　③
②
①

钩织方法：

1. 用黄绿色线手指绕线起针围成圈，第 1 圈在圈内钩 6 针短针引拨结束后断线。
2. 第 2 圈接大红色线钩 1 针短针、3 针锁针的网格 6 个。
3. 第 3 圈在 3 针锁针的网格上钩 4 针长针的胖针、4 针锁针的网格，重复 6 次后断线。
4. 第 4 圈接锈红色线在 4 针锁针的网格上钩 6 针长长针的胖针、5 针锁针的网格，重复 6 次后断线。
5. 第 5 圈接黄绿色线在 5 针网格上钩 1 针短针、4 针长针、3 针锁针、4 针长针、1 针短针后，在第 3 圈 4 针胖针上拨 1 针完成 1 片花瓣，重复 6 次。

配色表

行数	颜色
①	黄绿色
②~③	大红色
④	锈红色
⑤	黄绿色

85

工具：4 号钩针

材料：橘黄色棉线 9g、草绿色棉线 2g

作品详见 P89

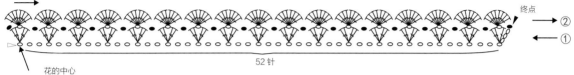

从这一侧卷起　　　　　　　　　　　花（橘黄色棉线 9g）

终点 ②

①

52 针

花的中心

叶子（草绿色棉线 2g）

终点

起点

拼接形状

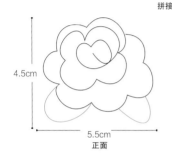

4.5cm

5.5cm

正面

在花朵的反面把叶子缝好固定

反面

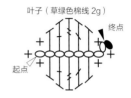

钩织方法：

1. 用橘黄色线起 52 针锁针的辫子，辫子上按图解钩好每一片小花瓣。

2. 把钩好的花正面相对用手卷成 1 朵玫瑰花形，底边用缝针缝好固定。

3. 用草绿色线钩 2 片树叶缝在玫瑰花的底部完成。

86

工具：4 号钩针

材料：绿色棉线 4g、锈红色棉线 2g、翠绿色棉线 2g

作品详见 P89

拼接形状　　　　　　　　　　　　　　　　　　**花瓣的折法**　　　　　　**基底（绿色）**

5.5cm

5.5cm

正面

花瓣缝到基底上

反面

折叠花瓣底部缝好固定

断线

心

钩织方法：

1. 按花瓣的图解用锈红色、翠绿色、绿色线各钩 1 片花瓣。

2. 按花瓣的折叠方法折叠好把底部缝合好。

3. 用绿色线钩基底。

4. 把 3 片花瓣固定缝合到基底上。

┇ = 连接线

花瓣（锈红色、翠绿色、绿色各 1 个）

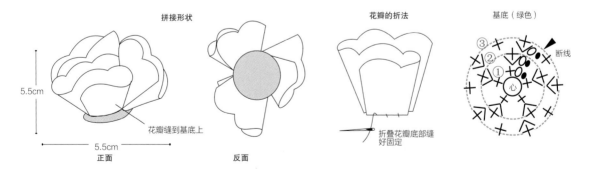

终点 ②

①

起点锁针（7 针）

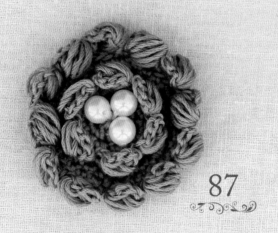

87

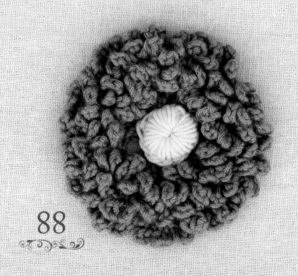

88

编织图解：详见 P96、P97、P98

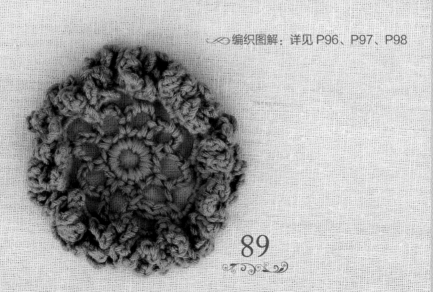

89

90

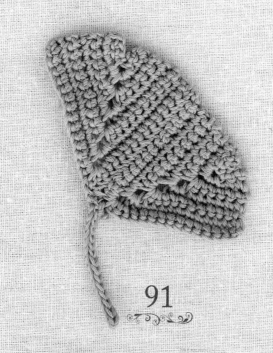

91

编织图解：详见 P98、P99

92

花饰88的钩织方法

1 钩7针锁针围成圈，在圈内钩1针长针、2针锁针，重复9次。

2 第2圈在每2针锁针上钩4针短针，这一圈共36针短针。

3 在第2圈每针短针的内侧半针针目上挑针钩1针短针、5针锁针、1针短针。

4 按步骤3的操作完成这一圈。

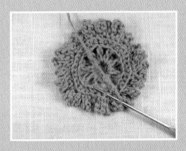

5 在第2圈每针短针的外侧半针针目上挑针钩短针，1针对1针地钩，第4圈共36针短针。

6 第5圈在第4圈的每针短针的内侧半针针目上挑针钩1针短针、5针锁针、1针短针，第6圈在第4圈的每针短针的外侧半针针目上挑针钩短针。

7 第7圈在第6圈的每针短针上钩1针短针、5针锁针、1针短针。

8 完成了3层花瓣。

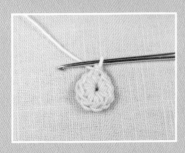

9 钩花心，手指绕线围成圈，在圈内钩10针短针。

10 再在圈内钩14针短针，把上一圈的10针短针包住。

11 把花心缝合固定在花朵的中心，完工。

87

工具：4 号钩针
材料：绿色棉线 10g、塑料珠子 3 粒
作品详见 P94

断线

┊ = 连接线

钩织方法：
1. 按图解钩好花 a 和花 b。
2. 把花 b 缝在花 a 的中心。
3. 在花 b 的中心缝上 3 粒塑料珠子。

花 b（绿色棉线 3g）

断线

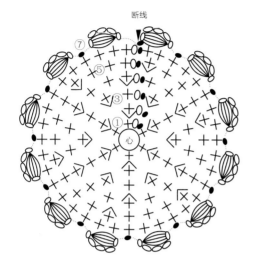

拼接形状

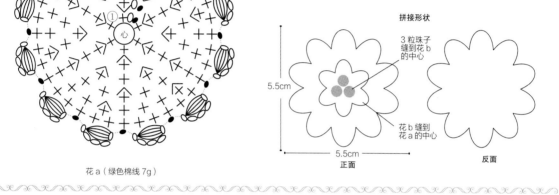

3 粒珠子
缝到花 b
的中心

5.5cm

花 b 缝到
花 a 的中心

5.5cm
正面

反面

花 a（绿色棉线 7g）

88

工具：4 号钩针
材料：草绿色棉线 9g、奶白色包芯棉线 1g
作品详见 P94
详细图解见 P96

14 针
10 针

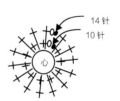

┊ = 连接线

花心（奶白色包芯棉线 1g）

= 在 1 针短针的内
侧半针针目里钩 1
针短针、5 针锁针、
1 针短针

花瓣（草绿色棉线 9g）

拼接形状

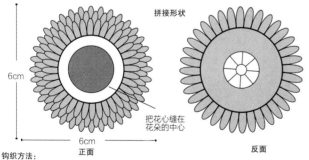

6cm

6cm
正面

把花心缝在
花朵的中心

反面

断线

钩织方法：
花瓣的钩法：
1. 钩 7 针锁针引拨针围成圈，第 1 圈在圈内钩 1 针长针、2 针锁针，重复 9 次。
2. 第 2 圈在 2 针锁针的网格上钩 4 针短针，这 1 圈共钩 36 针短针。
3. 第 3 圈在上一圈的每针短针内侧的半针针目里钩 1 针短针、5 针锁针、1 针短针。
4. 第 4 圈在第 2 圈每针短针外侧的半针针目（横向的那一根）里钩 1 针短针，1 针对 1 针地钩。
5. 第 5 圈在第 4 圈的每针短针内侧的半针针目里钩 1 针短针、5 针锁针、1 针短针。
6. 第 6 圈在第 4 圈每针短针的外侧的半针针目（横向的那一根）里钩 1 针短针，1 针对 1 针地钩。
7. 第 7 圈在第 6 圈的每针短针里钩 1 针短针、5 针锁针、1 针短针。
花心的钩法：
1. 手指绕线围成圈起针的方法，在圈内钩 10 针短针。
2. 第 2 圈在从手指绕线起针的圈里钩 14 针短针，把上一圈的 10 针短针包住。
3. 把钩好的花心缝在花瓣的中心。

89

工具：4 号钩针
材料：草绿色棉线 12g
作品详见 P94

拼接形状

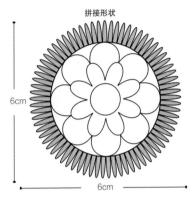

6cm

6cm

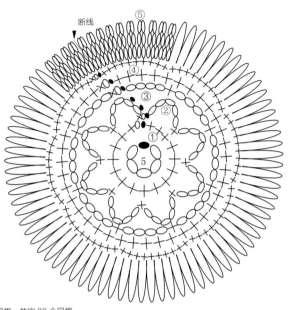

断线 ⑤
④
③
②
①
5

钩织方法：
1. 钩 5 针锁针引拨针围成圈，第 1 圈在圈内钩 16 针短针。
2. 第 2 圈在上一圈短针上钩 8 个 5 针锁针的网格。
3. 第 3 圈在 5 针网格的中间钩 1 针短针、4 针锁针的网格。
4. 第 4 圈在 4 针网格的每个网格都钩 5 针短针，共钩 40 针短针。
5. 第 5 圈在每针短针上钩 1 针短针、6 针锁针、1 针短针、6 针锁针的 2 个 6 针网格，共钩 80 个网格。

90

工具：4 号钩针
材料：奶白色包芯棉线 2g、黄绿色棉线 6g
作品详见 P95

拼接形状

5cm

5cm

正面

反面

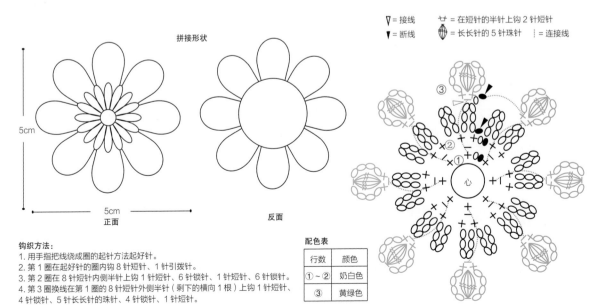

▽ = 接线　廿 = 在短针的半针上钩 2 针短针
▼ = 断线　✥ = 长长针的 5 针珠针　┊ = 连接线

③
②
①
心

钩织方法：
1. 用手指把线绕成圈的起针方法起好针。
2. 第 1 圈在起好针的圈内钩 8 针短针、1 针引拨针。
3. 第 2 圈在 8 针短针内侧半针上钩 1 针短针、6 针锁针、1 针短针、6 针锁针。
4. 第 3 圈换线在第 1 圈的 8 针短针外侧半针（剩下的横向 1 根）上钩 1 针短针、
4 针锁针、5 针长长针的珠针、4 针锁针、1 针短针。

配色表

行数	颜色
①~②	奶白色
③	黄绿色

91

工具：4 号钩针
材料：黄绿色棉线 4g
作品详见 P95

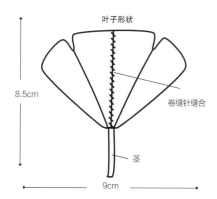

叶子形状

8.5cm

卷缝针缝合

茎

9cm

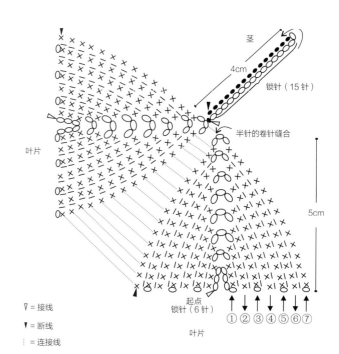

茎

4cm

锁针（15 针）

半针的卷针缝合

叶片

5cm

叶片

起点
锁针（6 针）

① ② ③ ④ ⑤ ⑥ ⑦

钩织方法：
1. 钩 6 针锁针起头，按图解先钩好半边叶片断线。
2. 再钩 6 针锁针起头钩另一片叶片断线。
3. 把 2 片叶片对齐，中间用卷缝针缝合好后钩叶茎。

▽ = 接线

▼ = 断线

┊ = 连接线

92

工具：4 号钩针
材料：奶白色包芯棉线 5g、黄绿色棉线 2g
作品详见 P95

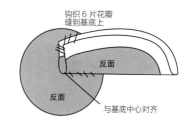

钩织 6 片花瓣
缝到基底上

反面

反面

与基底中心对齐

拼接形状

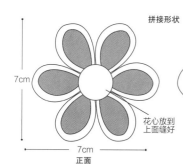

7cm

花心放到
上面缝好

7cm

正面

反面

花心（黄绿色）

心

基底（奶白色）

心

▽ = 接线　　▼ = 断线　　┊ = 连接线

钩织方法：
1. 用奶白色线按图解钩好基底。
2. 用黄绿色线按图解钩好花心。
3. 按花瓣的图解钩好 6 片花瓣。
4. 把花瓣与基底中心对齐固定缝合，每 2 片相邻的花瓣紧密连接的地方也要缝合。
5. 把花心缝合到花朵上。

基底的针数

行	针数	加针数
①	6 针	
②	12 针	+6 针
③	18 针	+6 针

花心的针数

行	针数	加针数
①	6 针	
②	12 针	+6 针

花瓣（奶白色和黄绿色 6 片）

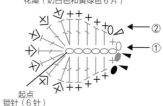

起点
锁针（6 针）

93

94

编织图解：详见 P103、P104

95

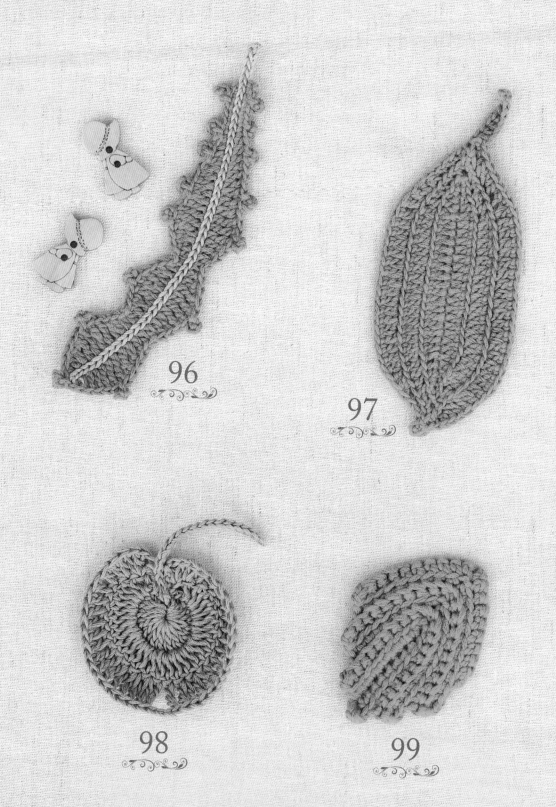

96

97

98

99

编织图解：详见 P104、P105

编织图解：详见 P105

93

工具：5 号钩针
材料：绿色圆棉线 9g
作品详见 P100

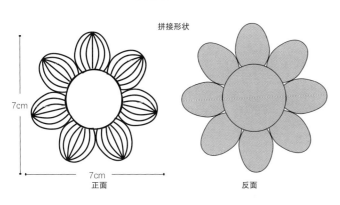

拼接形状

7cm

7cm

正面　　　　　　反面

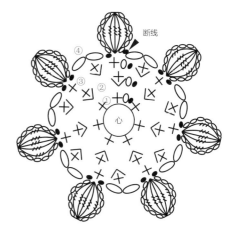

心

断线

④ ③ ② ①

钩织方法：
1. 手指绕线围成圈起针，在圈内钩 7 针短针。
2. 第 2 圈在每针短针上加 1 针短针，共钩 14 针短针。
3. 第 3 圈是每隔 1 针短针再加 1 针短针，共钩 21 针短针。
4. 第 4 圈在每 3 针短针上钩 1 个 5 针长长长针的珠针、2 针锁针、1 针引拨针。

 =5 针长长长针的珠针

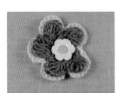

94

工具：4 号钩针
材料：草绿色棉线 3g、淡绿色棉线 4g、塑料扣子 1 枚
作品详见 P100

配色表

行数	颜色
①～②	草绿色
③～④	淡绿色

拼接形状

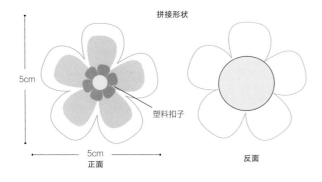

5cm

5cm

塑料扣子

正面　　　　　　反面

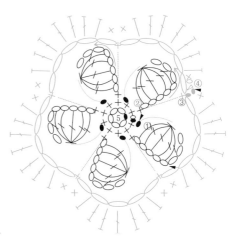

钩织方法：
1. 用草绿色线钩 5 针锁针引拨针围成圈，在圈内钩 10 针短针。
2. 第 2 圈在上一圈短针的 1、3、5、7、9 针短针上钩 1 针短针后钩 8 针锁针（3 针立起），在前 5 针锁针上钩 5 针长针的珠针与上一圈短针的 2、4、6、8、10 针短针引拨，完成这一圈后断线。
3. 第 3 圈换淡绿色线在上一圈的每针短针上钩 1 针短针、5 针锁针的网格。
4. 第 4 圈在 5 针锁针的网格上钩花瓣，最后在花的中心缝上塑料扣子。

▽ = 接线　　▼ = 断线　　⌣ = 连接线

95

工具：4 号钩针
材料：西瓜红棉线 9g、塑料扣 1 枚
作品详见 P100

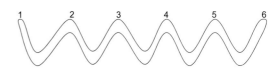

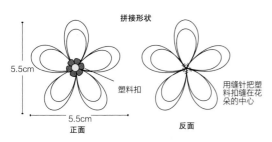

拼接形状

5.5cm

5.5cm

塑料扣

用缝针把塑料扣缝在花朵的中心

正面　　　　反面

制作方法：
用缝针把 1、2、3、4、5、6 这几个点的位置缝起来，缝合成花朵的形状，每 2 个点之间是 20 针。

钩织方法：
1. 钩 100 针锁针的辫子，在辫子上钩长针。
2. 把钩好长针的花边以每 20 针为 1 个点用针缝好固定。
3. 在缝好的花朵中心缝上 1 枚塑料扣。

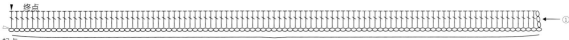

终点

起点

100 针锁针的辫子

96

工具：4 号钩针
材料：草绿色棉线 3g、黄绿色棉线 1g
作品详见 P101

配色表

行数	颜色
①	黄绿色
②～③	草绿色

钩织方法：
1. 用黄绿色线钩 48 针锁针的辫子，在辫子上钩 1 行引拨针后断线。
2. 用草绿色线按图解在第 6 针引拨针上接线钩叶边。

▽ = 接线
▼ = 断线

叶子形状

3.5cm

14cm

起点
（钩 48 针锁针）

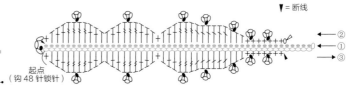

②
①
③

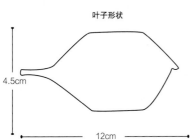

97

工具：4 号钩针
材料：草绿色棉线 7g
作品详见 P101

钩织方法：
钩 26 针锁针的辫子，在辫子上按图解钩织，注意第 2 圈是在第 1 圈上的外侧半针针目上挑针钩织，第 3 圈是在第 2 圈针上的外侧半针针目上挑针钩织。

叶子

叶子形状

4.5cm

12cm

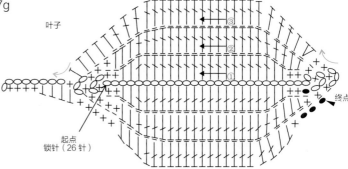

③
②
①

起点
锁针（26 针）

终点

98

工具：4 号钩针
材料：绿色圆棉线 4g
作品详见 P101

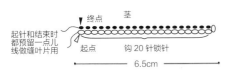

起针和结束时
都预留一点儿
线头做缝叶片用

终点   茎
起点   钩 20 针锁针

6.5cm

叶子形状

叶片

9.5cm

用钩茎预
留的线头
把叶片缝
好固定在
叶茎上

茎

5.5cm

钩织方法：
1. 按叶片图解方法钩好叶片。
2. 钩叶茎，起针时预留一点儿线头，钩好茎后也预
留一点儿线头，用线头把叶片缝合固定在叶茎上。

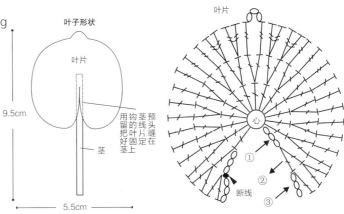

叶片

心

① ② ③

断线

99

工具：4 号钩针
材料：草绿色棉线 2g
作品详见 P101

叶子形状

4.5cm

6.5cm

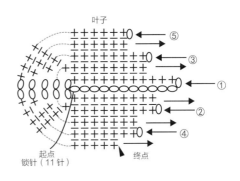

叶子

① ② ③ ④ ⑤

起点
锁针（11 针）   终点

钩织方法：
1. 钩 11 针锁针，在锁针上钩短针，
按图解钩。
2. 从第 2 行开始每针都是从上 1 行
短针的半针针目里钩织短针的。

± = 在上 1 行短针的半针针
目里钩织 1 针短针

100

工具：4 号钩针
材料：白色毛线 1g、咖啡色毛线 6g
作品详见 P102

拼接形状

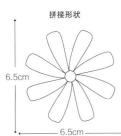

6.5cm

6.5cm

配色表

行数	颜色
①	白色
②	咖啡色

▼ = 断线

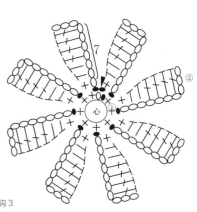

心   ① ②

钩织方法：
1. 将白色线用手指绕线围成圈起针，在圈内钩 8 针短针。
2. 第 2 圈换线在每短针上钩 1 针引拨针、7 针锁针（在锁针上钩 3
针锁针立起、4 针长针、2 针中长针、1 针短针）的花瓣。

1

↑一个小织物，承载着心情。用来装点
居室更是恰到好处。
作品详见 P13

4、6、7

→色泽诱人的迷你水果，显得格外可爱。
闺蜜到访，肯定对你的心灵手巧赞不绝口。
作品详见 P14、P18

3

造型精致的小花蕾，点缀在素色的蕾丝毛衣上，让整个搭配多了一点灵动的色彩，更显甜美可人。

作品详见 P13

43

品一杯好茶，聊一段往事，悠闲地完成一件自己喜欢的钩织作品，能让你在忙忙碌碌的生活中放松下来享受快乐。

作品详见 P52

84

作为蝴蝶结控的你可以试着 DIY 了，你看精美的钩针小花与纯色蝴蝶结搭配起来亮丽夺目。简单的钩针小饰物总能为我们的生活增添不一样的美。

作品详见 P89

39

大红色的珠链是你的最爱，那配上这样一朵素雅的花朵，是不是别有一番韵味。

作品详见 P47

25

一款点缀上俏皮花饰的钩织小包，显得时尚而高雅，这样的搭配总会让你的春游照片格外出彩。

作品详见 P36

48

一朵即兴钩织出来的小花，总能给家居的搭配添彩。配在竹制的小花篮里，装点出清新田园的感觉，带给你不一样的惊喜。

作品详见 P53

24

正准备去旅行的你，又怎么能少得了这样一款复古的手提箱呢。搭配上色彩绚丽的花朵，在旅途上更能成为亮点。

作品详见 P32

2

一个小小的灵感，可能让你创作出独特的钩织作品，一朵小花、一片树叶，或者一枚扣子。看到这样一款被装饰过的化妆包是不是让你爱不释手呢！钩织总会让你的生活充满着与众不同的趣味感。

作品详见 P13

19

别致的钩织作品总会凸显编织者的细腻心思，艳丽的红色花朵与娇嫩的绿色叶片相互衬托，增添了几分清新的气息。

作品详见 P31

26、58

你一定没尝试过这样的树叶标本，清新亮丽，给你带来大自然的味道。

作品详见 P36、64

74

圣诞节就要到了，心灵手巧的你是不是也应该给小熊添置新衣裳了，英伦风的小背心因为有了时尚的钩织小花的点缀而格外夺目。

作品详见 P76

11

与其把时间浪费在到处淘个性发饰上，还不如静下心来自己设计这样一个亮丽的发饰，更显唯美独特，你的秀发因为有这款钩织小物的装点更令人心生羡慕。

作品详见 P19